Rawaa Nazar AlChalabi
Munira CH. Alabadi
Ayad Mohammed A. Fadhil

Deteção de alguns genes de virulência de Escherichia coli uropatogénica

Rawaa Nazar AlChalabi
Munira CH. Alabadi
Ayad Mohammed A. Fadhil

Deteção de alguns genes de virulência de Escherichia coli uropatogénica

ScienciaScripts

Cover image: www.ingimage.com

This book is a translation from the original published under ISBN 978-3-659-88835-9.

Publisher:
Sciencia Scripts
is a trademark of
Dodo Books Indian Ocean Ltd. and OmniScriptum S.R.L publishing group

120 High Road, East Finchley, London, N2 9ED, United Kingdom
Str. Armeneasca 28/1, office 1, Chisinau MD-2012, Republic of Moldova, Europe
Managing Directors: Ieva Konstantinova, Victoria Ursu
info@omniscriptum.com

Printed at: see last page
ISBN: 978-620-8-56459-9

Índice

Introdução

Infeção do trato urinário (ITU): é uma infeção que envolve parte ou a totalidade do trato urinário e que continua a ser um problema de saúde comum e incómodo em muitos países de todo o mundo (Usien *et al.,2001).*

Na maioria dos hospitais, foi registado diariamente um número muito elevado de ITU entre diferentes idades e sexos. Estas infecções podem envolver a uretra, a bexiga, os ureteres, os rins e a próstata. O efeito da infeção depende da interação entre as bactérias e os mecanismos de defesa do hospedeiro. Estas infecções são eliminadas por quimioterapia (Nicolle, 2001; Alos *et al.,*2005; Josip,2006).

As causas mais importantes de ITU representadas por bactérias Gram negativas pertencem à família *Enterobacteriacae* [esta família classifica-se como parte do (Grupo 5), este grupo inclui bacilos Gram negativos aeróbicos e anaeróbicos facultativos] especialmente *Escherichia coli* (Holt *et al.*,1994).

A classificação científica que inclui, Filo: *Proteobacteria,* Classe: *Gamma Proteobacteria,* Ordem: *Enterobacteriales,* Família*:* *Enterobacteriaceae* Género: *Escherich*, espécie: *coli* e o nome binomial é *Escherichia coli*, que foi descoberto em 1885 por Theodor Escherich, um bacteriologista alemão (Mandal *et al.*,2001; Stamm,2002).

A Escherichia coli é uma bactéria Gram negativa, não formadora de esporos, bacilos curtos, capaz de crescer em meios simples sem a adição de factores de crescimento (Kaper *et al.*,2004). Embora *a E.coli* seja um componente importante da flora intestinal normal, é reconhecida como um agente patogénico oportunista muito ativo associado à ITU, porque *a E.coli* tem vários factores de virulência que contribuem para a patogenicidade *da E.coli*, tais como: adesina, enterotoxina (LT,ST), toxinas do tipo shiga (STx1,STx2), aerobactina, hemolisina, cápsula, endotoxina (LPS), fator de citonecrotização, intimina e formação de biofilme (Blanco *et al.,* 1996;Gehua *et al.,*2002).

A distribuição destes factores de virulência pode também variar em função das caraterísticas do hospedeiro e do tipo de infeção. Os mecanismos de virulência que caracterizam *a E.coli* são codificados geneticamente pelo ADN cromossómico, plasmídico e bacteriófago (Pass *et al.*,2000 ;Ruiz *et al.*,2002).

A hemolisina é uma nova toxina formadora de poros que interage com a bicamada lipídica nas membranas alvo e causa diferentes doenças extra-intestinais, especialmente ITU. A hemolisina proporciona à *E. coli* uma possível vantagem selectiva ao libertar ferro do eritrócito lisado. É citotóxica para vários tipos de células humanas e aumenta a patogenicidade ao destruir células fagocíticas e epiteliais (Wyborn *et al.,2QQ4;* Rebecca e Elizabeth,2005).

A adesão de *E. coli* uropatogénica à superfície urotelial, um primeiro passo crítico na patogénese das infecções do trato urinário (Pak *et al.*, 2001). O biofilme ou camada de adesão é uma microcolónia de bactérias envolvida por um material complexo de proteínas e polissacáridos que se forma em tecidos vivos e dispositivos médicos, como o cateter. O biofilme protege as bactérias da lavagem urinária, aumentando a sua capacidade de se multiplicarem, invadirem o tecido hospedeiro e causarem a infeção (Costerson *et al.,1999;* Klemm e Schembri,2000).

Técnica de reação em cadeia da polimerase (PCR): é uma técnica de biologia molecular que permite amplificar enzimaticamente o ADN sem utilizar um sistema vivo; esta técnica permite amplificar exponencialmente uma pequena quantidade de ADN. A PCR é utilizada para amplificar uma região específica da cadeia de ADN, pelo que é utilizada para estudar numerosos uropatógenos *de E.coli*, através do rastreio de um grande número de isolados clínicos *de E.coli* para genes de factores de virulência, a fim de avaliar a importância de vários factores conhecidos na etiologia das infecções do trato urinário (Morine e Hopkins, 2002).

Capítulo 1. Infeção do trato urinário

A primeira descrição da infeção do trato urinário e do cálculo renal foi feita por Abu Baker AL-Razi (conhecido como AL- Arab Galineous) no século IX d.C. em Bagdade.Os sintomas de ITU não eram detectados há cerca de 500 anos, até que os cientistas britânicos Clupepper, em 1653, identificaram os sintomas de ITU, em (1863) Pasteur indicou que a urina humana representava um bom meio de cultura, e depois Robert (1881) especificou a relação entre o crescimento bacteriano e a cistite e caracterizou a bactéria cocóide que ocorre na urina (Asccher,1980).No entanto, o desenvolvimento de doenças relacionadas com as ITU representa um problema epidemiológico importante na maior parte dos países do mundo (Brubaker, 2005). A infeção do trato urinário pode ser definida como as condições em que uma ou mais estruturas ficam infectadas depois de as bactérias ultrapassarem a sua forte defesa natural (Hummers-Pradier *et al.*, 2005).

As ITU são a mais comum de todas as infecções e podem ocorrer em qualquer altura da vida de um indivíduo. Quase 95% dos casos de ITUs são causados por bactérias que se multiplicam na abertura da uretra e se deslocam até à bexiga (conhecida como via ascendente). Muito menos frequentemente, as bactérias propagam-se para o rim a partir da corrente sanguínea (Walter e Hotoon,1993).As principais causas de ITU são as bactérias Gram negativas que pertencem à família *Enterobacteriaceae.* O microrganismo mais uropatogénico é a *E. coli*, que coloniza o cólon, a região perianal e a vagina feminina facultativa, podendo depois ascender à bexiga e/ou ao rim. Em geral, as taxas de ITU são mais elevadas nas mulheres do que nos homens (Stamm *et al.*,1991; Harmanli *et al.,* 2000; Jancel,2002).

Capítulo 2. Diagnóstico de IU

As infecções do trato urinário são uma das doenças infecciosas mais comuns encontradas na prática clínica. O exame físico de uma amostra de urina é o teste inicial padrão tanto para diagnosticar as ITU como para excluir outras doenças (Pappas, 1991; Mehnert, 2005):

- **Recolha de amostras**

A urina na bexiga é normalmente estéril, a uretra não é estéril. A urina da bexiga pode ser contaminada por bactérias uretrais durante a sua saída, pelo que deve ser colhida uma amostra de urina utilizando um recipiente seco, limpo, hermeticamente fechado e descartável, que passe através da uretra de forma a refletir razoavelmente a urina da bexiga. Uma urina de jato médio (MSU) significa que a pessoa que fornece a amostra começa a urinar de forma normal para a sanita, o fluxo inicial de urina elimina, de facto, a flora normal da uretra (Jaffe *et al.*, 1994).

Depois de urinar na sanita, é utilizado um recipiente para recolha de amostras de urina. Os doentes devem lavar primeiro as mãos e, em seguida, lavar o pénis ou a vulva e a área circundante para evitar a contaminação da amostra de urina. A amostra deve ser armazenada a 4 °C ou guardada num recipiente com ácido bórico até ser processada no laboratório, porque a baixa temperatura ou o ácido bórico inibem a replicação bacteriana na amostra (Johnson e Stamm, 1987).

- **Exame microscópico**

O exame microscópico é efectuado para procurar e contar glóbulos brancos, glóbulos pus, cristais, glóbulos vermelhos e podem ser observados glóbulos. Os glóbulos são estruturas cilíndricas na urina, constituídas por proteínas, glóbulos vermelhos ou glóbulos brancos, que entram no túbulo renal e aderem uns aos outros, adoptando a forma do lúmen do túbulo. Neste exame, a urina é centrifugada para permitir a recolha de sedimentos contendo células sanguíneas, bactérias e outras partículas. Este sedimento é depois examinado ao microscópio, o que permite observar simplesmente a cor e a turvação da urina, medir a acidez e, quando os médicos suspeitam da presença de bactérias, é utilizada a coloração de Gram para ajudar a prever a espécie. Este é um procedimento de coloração utilizado para tornar as bactérias visíveis através de um microscópio e as bactérias são categorizadas pelo termo bactérias Gram positivas ou Gram negativas (Franz e Horl, 1999).

- **Cultura de urina**

Uma cultura de urina é uma amostra de urina observada em (24-48) horas no laboratório para detetar a presença de qualquer crescimento bacteriano. Este passo é efectuado em determinadas circunstâncias, se a lise da urina for negativa, mas o doente apresentar sintomas graves de ITU, particularmente em doentes hospitalizados com cateter que desenvolvam febre ou outros sinais de infeção, se a infeção for recorrente ou sugerir complicações, o que pode ser feito através da cultura de uma gota de urina num meio adequado, como o ágar MacConkey ou o ágar de base sanguínea, depois incubar a placa a 37 °C durante 24 horas durante a noite e contar as colónias no dia seguinte, se forem observadas mais de 100 colónias na placa, isso indicará que existem mais de 100000 bactérias por ml de urina (Kolmos e Little,1999 ; Car,2006).

Capítulo 3. Classificação da infeção do trato urinário

As ITU são a mais comum de todas as infecções. Foram elaboradas diferentes classificações para ajudar os médicos a escolher o tratamento e a determinar a causa das ITU (Fahey *et al.*, 2005).

❖ ITUs não complicadas e complicadas

Esta é definida como não complicada ou complicada, dependendo do fator que desencadeia as infecções (Gupta *et al.*, 2001). As infecções não complicadas estão apenas associadas a infecções bacterianas, na maioria das vezes *E.coli.* Afectam muito mais frequentemente as mulheres do que os homens (Huangs e Stafford 2002; Bent *et al.* ,2002).As ITU não complicadas incluem

▪ Cistite

A cistite é a infeção do trato urinário mais comum e é referida como ITU aguda não complicada. Ocorre no trato urinário inferior (a bexiga e a uretra) e quase sempre em mulheres, sendo a ITU mais prevalente nas mulheres (Car *et al.*,2003). Na maioria dos casos, a infeção é breve e aguda e apenas a superfície da bexiga é infetada; as camadas mais profundas da bexiga podem ser afectadas se a infeção se tornar persistente ou crónica, ou se o trato urinário for estruturalmente anormal (Gupta *et al.,1999;* Mcisaac *et al.,2002).*

▪ Pielonefrite (infeção renal)

Quando a infeção se propaga para o trato superior (os ureteres e os rins), chama-se pielonefrite ou, mais frequentemente, infeção renal. Cerca de metade das mulheres com cistite podem ter uma infeção do trato urinário superior ao mesmo tempo que a cistite (yen *et al.*,2003; Scholes *et al.,2005).*

▪ Uretrite

Quando a infeção se limita apenas à uretra, a infeção é conhecida como *uretrite*, que é uma doença sexualmente transmissível comum nos homens (Middendrof *et al.*,1994). As infecções complicadas, que ocorrem quase tão frequentemente nos homens como nas mulheres, também são causadas por bactérias, mas ocorrem em resultado de alguma anomalia anatómica ou estrutural, como a utilização de cateteres em ambiente hospitalar, disfunção da bexiga e dos rins ou transplante renal. As recorrências ocorrem em até 50% a 60% dos doentes com ITU complicadas se as anomalias estruturais ou anatómicas subjacentes não forem corrigidas (Rakash *et al.,*2003). As ITU complicadas podem desenvolver-se devido a quaisquer problemas físicos que afectem qualquer sexo e grupo etário. A caraterística comum das ITU complicadas é a incapacidade do trato urinário para eliminar as bactérias devido a uma condição física que causa obstrução ao fluxo de urina ou a problemas que impedem o sucesso do tratamento (Patton *et al.*,1991).

❖ Classificação com base nos sintomas e no nível de infeção

As ITU também podem ocorrer sem sintomas e com sintomas, mas com um nível bacteriano muito baixo. Quando uma pessoa não apresenta sintomas de infeção, mas um número significativo de bactérias colonizou o trato urinário, a condição é designada por ITU assintomática, também designada por (bacteriúria), (em geral, tem de haver pelo menos 10^5 bactérias de ITU por mililitro de urina) a condição é inofensiva na maioria das pessoas e raramente persiste, embora aumente o risco de desenvolver ITU sintomáticas (Anderoil e Patterson,1991; Hotoon *et al.*,1996).

Quando alguns doentes também podem ter sintomas de infeção com uma contagem bacteriana muito baixa, a condição é designada por síndrome uretral aguda. As pessoas que têm sintomas de cistite, mas que têm uma contagem bacteriana inferior à que normalmente determina uma ITU, são por vezes diagnosticadas com síndromes uretrais agudas. Esta condição é normalmente causada por *E.coli* ou outras bactérias que causam cistite, mas em menor número (Zhanel *et al., 1990).*

❖ ITUs primárias ou recorrentes

As ITU são classificadas como primárias ou recorrentes, consoante se trate da primeira infeção ou de eventos repetidos. A recorrência é comum após ITUs complicadas e não complicadas (Foxman, 1990).

Após uma única infeção aguda do trato urinário sem complicações, a recorrência ocorre em aproximadamente 27% a 48% das mulheres. O risco após uma infeção do trato urinário complicada é ainda maior: entre 50% e 60% dos indivíduos terão uma infeção recorrente 4 a 6 semanas após o tratamento, se os problemas subjacentes não forem corrigidos, a recorrência é frequentemente definida como reinfeção ou recaída (Johnson, 2003).

- **Reinfeção**

Cerca de 80% das ITUs recorrentes são reinfecções. Uma reinfeção ocorre várias semanas após o tratamento com antibióticos ter eliminado o episódio inicial e é causada por um organismo diferente daquele que causou o episódio original. O agente infecioso é normalmente introduzido através da região rectal a partir da matéria fecal e sobe através do trato urinário. É de notar que o organismo infecioso original persiste frequentemente, pelo que é muitas vezes difícil distinguir uma reinfeção de uma recaída (Shahid, 2003; Josip, 2006).

- **Recaída**

A recidiva é a forma menos comum de infeção recorrente do trato urinário. É diagnosticada quando uma ITU recorre nas duas semanas seguintes ao tratamento do primeiro episódio e é causada pelo mesmo organismo. A recidiva ocorre geralmente em infecções renais (pielonefrite) ou está associada a obstruções, como cálculos renais, anomalias estruturais ou, nos homens, prostatite crónica (Le *et al.*,2004).

❖ Local da infeção

Dependendo do local da infeção, as ITU foram classificadas da seguinte forma

- infeção do trato urinário superior, este tipo de infeção inclui pielonefrite, cálculos ou formação de pedras e tumores (Harding e Ronald, 1994).
- Infeção do trato urinário inferior que inclui uretrite e cistite (Aune *et al.*,1998).

Capítulo 4. Os factores de risco da infeção do trato urinário

- Estrutura do trato urinário feminino, em geral, o risco mais elevado nas mulheres deve-se sobretudo ao facto de a uretra ser curta, com 1,5 polegadas, em comparação com 8 polegadas nos homens. As bactérias da matéria fecal podem ser facilmente transferidas para a vagina ou para a uretra (Khalili *et al.,2000).*

- Utilização de antibiótico de largo espetro (Schaffer e Stuppy,1999).

- Utilização de cateterismo (Walter e Rangar, 2001).

- Fraqueza do controlo nervoso da bexiga em alguns doentes (Hotoon *et al.*, 1996).

- Presença de bactérias como resultado de um esvaziamento incompleto da bexiga da urina e da não ingestão de uma quantidade suficiente de água (Naber,2000).

- Ausência de limpeza após a micção (Ronald e Pattulo, 1991).

- A presença de cálculos e o seu movimento conduzem a lesões do trato urinário e facilmente a infecções (Nicolle,2001).

- Um comportamento sexual muito ativo pode aumentar o risco de infecções sexualmente transmissíveis, como a *Chlamydia gonorrhea* ou o vírus do herpes simplex, que podem causar uretrite (Sussman e Gally,1999; William e Craig,2004).

- Algumas pessoas têm anomalias estruturais do trato urinário que provocam a estagnação da urina ou o seu refluxo para o trato urinário superior (Sobel e Kaye, 2000).

- Gravidez nas mulheres (Huangs e Stafford,2002; Al-Haddad,2005).

- Doença da próstata no homem :A hiperplasia benigna da próstata (HBP) pode causar obstrução do trato urinário e aumentar o risco de infeção. Nos homens, as infecções recorrentes do trato urinário estão associadas à prostatite. Uma infeção da próstata pode ser causada por *E.coli* (Andreu *et al.^1997;* Ruiz *et al.,2002).*

Capítulo 5. Cateterismo e ITUs

O cateter é um dispositivo de drenagem urinária, utilizado há séculos para a retenção de urina de forma intermitente ou permanente, que está associado à grande maioria das ITU em doentes hospitalizados que sofrem de tipos complicados de ITU (Lemon e Burke, 2000).

As ITU nosocomiais são a infeção mais comum adquirida nos hospitais, normalmente associada à cateterização. Embora a maioria dos doentes apresente bacteriúria assintomática ou uma infeção ligeira, quando o dispositivo de drenagem é retirado, alguns doentes apresentam infecções graves, pielonefrite, septicemia e morte. Além disso, estas infecções tendem a aumentar o tempo de hospitalização e a aumentar os custos hospitalares devido à necessidade de testes de diagnóstico adicionais e de terapia antibiótica (Zimakoff *et al.*,1995).

O cateter, como mostra a figura (1), foi utilizado em cirurgia e em alguns casos de obstrução do trato urinário ou disfunção renal, sendo também necessário o cateterismo para medir a produção de urina em doentes críticos ou em doentes submetidos a diurese rápida ou no pré-operatório em doentes que têm de esvaziar completamente a bexiga (Jawetz *et al.*,2001).

A inserção do cateter pode transportar o organismo para o trato urinário, especialmente para a bexiga, porque o espaço entre o cateter externo e a mucosa oferece uma oportunidade para a entrada de bactérias diretamente na bexiga, sendo esta a via mais comum para a entrada de bactérias. A maioria das estirpes bacterianas que entram no trato urinário cateterizado são capazes de se multiplicar até uma concentração elevada, o cateter também pode danificar mecanicamente o epitélio urinário e, por fim, o cateter é muitas vezes imperfeito e o volume de urina pode permanecer na bexiga. Assim, permite alguma estabilidade à residência das bactérias (Stark e Maki, 1984).

A formação de biofilme tem um papel importante na patogénese das ITU associadas a cateteres, sendo constituído por proteínas, cristais de apatite, polissacáridos, glicoproteínas e bactérias vivas. Os microrganismos incorporados no próprio biofilme são menos susceptíveis aos antimicrobianos do que as bactérias planctónicas e podem, assim, servir como fonte de persistência, levando à recorrência após a terapia antimicrobiana (Tambyah e Maki,2000; Emody *et al.,2003).*

Os princípios mais importantes são a esterilização do cateter e a sua manutenção como sistema fechado, a utilização de luvas descartáveis esterilizadas e a lavagem das mãos antes e depois do esvaziamento do saco de drenagem e da colocação do cateter. O cateter deve ser fixado para evitar movimentos na uretra e não deve ser mudado por rotina, uma vez que isso expõe o doente a um risco acrescido de traumatismo da bexiga e da uretra. Pode ser mudado se estiver associado a tratamento com antibióticos ou se houver uma obstrução (Cruck shank *et al.,1975;* Tambyah e Maki ,2000).

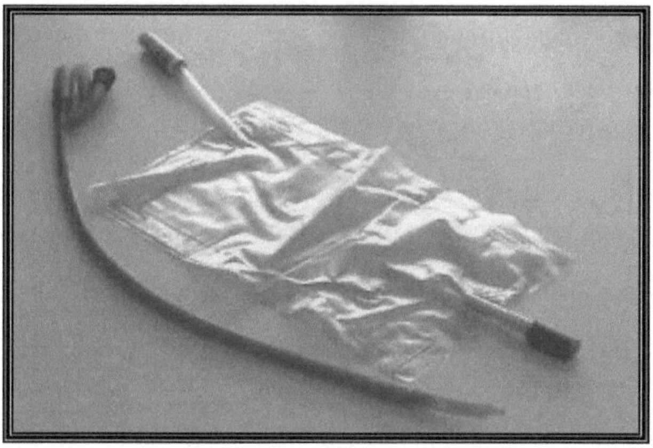

Figura (1) O cateter .

Capítulo 6. Sintomas das infecções do trato urinário

▪ Sintomas de infeção do trato urinário inferior (cistite e uretrite)

Os sintomas da infeção do trato urinário inferior começam geralmente de repente e podem incluir um ou mais dos seguintes sintomas. Vontade frequente de urinar, que pode ocorrer imediatamente após o esvaziamento da bexiga, uma sensação dolorosa de ardor, desconforto ou pressão na parte inferior do abdómen (Echols *et al.,* 1999). O abdómen pode sentir-se inchado, cãibras na zona pélvica ou nas costas, a urina tem frequentemente um cheiro forte, tem um aspeto turvo ou contém sangue, o que é um sinal de piúria ou de uma contagem elevada de glóbulos brancos na urina e é um indicador muito fiável de infeção do trato urinário e, ocasionalmente, desenvolve-se febre (Eisenstein e Zaheznik, 2000).

▪ Sintomas de infeção renal (pielonefrite)

Os sintomas das infecções renais tendem a afetar todo o corpo e a ser mais graves do que os da cistite. Podem incluir os sintomas graves de cistite, que incluem urina frequente, irritante e com cheiro forte, que pode ser turva e conter sangue. Nalguns doentes com infeção renal, os únicos sintomas podem ser os da cistite. Nestes casos, deve suspeitar-se fortemente de pielonefrite, uma vez que os sintomas duram sete a dez dias. As pessoas com maior risco de contrair esta infeção "silenciosa" do trato urinário superior incluem os doentes com diabetes, um sistema imunitário deficiente ou uma história de ITU recidivantes ou recorrentes, uma maior necessidade de urinar à noite, arrepios e febre persistente (normalmente com uma duração superior a dois dias), dor que se estende ao longo das costas, aproximadamente ao nível da cintura (Hotoon, 2000).

Capítulo 7. Os microrganismos infectam o trato urinário

A urina é um excelente meio de cultura para os agentes patogénicos comuns do trato urinário e, quando as bactérias são depositadas na urina, multiplicam-se rapidamente, excedendo frequentemente um milhão / ml. A infeção bacteriana pode afetar qualquer parte do trato urinário.

Embora a urina contenha uma variedade de fluidos, sais e produtos residuais, normalmente não contém bactérias (Ehrlich *et al., 2005).*

Quando as bactérias penetram na bexiga ou nos rins e se multiplicam na urina, provocam uma infeção do trato urinário. A cultura da amostra de urina obtida do doente é a principal forma de identificar o tipo de agente causador da infeção do trato urinário. Os agentes causadores mais comuns das ITU são *Escherichia coli, Staphylococcus saprophytics , Klebsiella pneumonia, Proteus mirabilis, Pseudomonas aeruginosa e Candida sp.* (Chomart,2000; Katz, 2003).Os microrganismos causadores menos comuns são: - *Citroacter spp, Streptococcus spp.* e *Salmonella spp.* enquanto os agentes causais raros são: - *Neisseria gonorhoea, Leptospira e Mycoplasma* (Haward,1997; Mobley,2000).

Capítulo 8. Bactéria Escherichia coli

Theodre Escherich descreveu pela primeira vez *a E.coli* em 1885, como bacterium coli commune , que isolou das fezes de recém-nascidos, tendo sido mais tarde rebaptizada *Escherichia coli. A E. coli* e os seus parentes são conhecidos pelos microbiologistas como "enterobactérias", porque vivem no trato intestinal dos seres humanos e dos animais como flora normal. Estas bactérias crescem bem nos meios laboratoriais habituais, tanto na presença como na ausência de oxigénio, crescendo em colónias chamadas coliformes, e o seu metabolismo pode ser por respiração ou fermentação. Estas bactérias replicam-se por fissão binária, duplicando o seu número a cada 20 minutos (Kaper *et al.,2QQ4;* Berghoward,2004).

A E.coli é um bacilo Gram negativo, curto, que dá resultados positivos nos testes da catalase, do indol e do vermelho de metilo, e negativos nos testes da oxidase, do citrato, da urease e do voges- proskaure. Cerca de 80 % destas bactérias são móveis, não liquefazem a gelatina e a glugose, fermentam a lactose. As caraterísticas culturais da *E. coli* são de fermentadora de lactose, formando uma colónia lisa e rosada na placa de ágar MacConkey (Atlas *et al.,1995;* Donnenberg,2002).

Mais de 700 tipos antigénicos (serótipos) de *E. coli* são reconhecidos com base na presença ou ausência de antigénios somáticos estáveis ao calor (antigénio O). *O* antigénio somático é composto por cadeias de polissacáridos ligadas ao núcleo do complexo lipopolissacárido (LPS) comum a todas as bactérias Gram negativas e foram definidos mais de 170 antigénios O-específicos diferentes. Os serótipos *de E. coli* são combinações específicas de antigénios do grupo O/H, os antigénios H são os antigénios flagelares, existem pelo menos 56 tipos e o último fator de classificação dos serótipos é o antigénio K (antigénio capsular) (Rivera e Keen, 2001; Walter e Stamm, 2006)*.coli* (EPEC) that have pathogenicity island(locus of enterocyte effacement) encoding proteins involved in the formation of attaching and effacing lesions on host intestinal cells, enterotoxogenic *E.coli* (ETEC) which produce heat labile and / or heat stable enterotoxin, enterohemorrhagic *E.coli* (EHEC), que representa um importante agente patogénico em todo o mundo, caracterizado pela produção de toxinas do tipo shiga e de intimina, *E. coli* enteroinvasiva (EIEC) e *E. coli* enteroagregante (EAEC) (Roberto *et al*, 2004).

8.1 Patogenicidade da *E.coli*

A E.coli é a flora facultativa não patogénica predominante do intestino humano. A presença de *E.coli* e de outros tipos de bactérias no nosso intestino é necessária para nos mantermos saudáveis, que produzem a vitamina K e o complexo B (Alraek *et al*.,2002; Naster *et al*.,2001).

Embora *a E. coli* seja a espécie de coliforme predominante no cólon saudável, pode causar doenças quando escapa dos seus habitats gastrointestinais habituais, invadindo a corrente sanguínea e causando infecções, estando associada a infecções do trato urinário, meningite neonatal, doenças intestinais e, por vezes, intoxicação alimentar (Ming *et al.,2002;* Xie *et al*.,2006)

A capacidade de patogenicidade *da E.coli* para causar doenças deve-se à presença de um ou mais genes de virulência, genes esses que codificam as caraterísticas de virulência. Estes determinantes de virulência que incluem (adesinas, motilidade, quimiotaxia, toxinas, propriedades antifagocíticas e defesa contra respostas imunitárias) (Roos e Klemm, 2006; Brzuszkiewez *et al.,* 2006).

Estes genes de virulência podem estar localizados em elementos genéticos transmissíveis, tais como transposões, plasmídeos ou bacteriófagos. Além disso, outros genes podem fazer parte de regiões específicas dos cromossomas bacterianos denominadas ilhas de patogenicidade (Pais), que estão presentes no genoma de estirpes patogénicas de uma determinada espécie, mas ausentes nas variantes não patogénicas da espécie (Guyer *et al.,* 1998*;* Bingenbidois, 2002; Skyberg *et al., 2006).*

8.2Factores de virulência da *E.coli*

As UPEC são o grupo mais importante de microrganismos responsáveis pelas ITU que diferem da *E. coli* não patogénica e de outros patótipos de *E. coli* pela produção de factores de virulência específicos (Pass *et al*.,2000 ; Gehua *et al*.,2002) .

Existem diferentes factores de virulência que incluem : -

1- Adesinas :- que entram em ação durante o estabelecimento de ITU, para além da sua função primária como molécula de adesina, várias outras funções adicionais podem também ser estimadas como invasinas, promover a formação de biofilme e transmitir sinais às células epiteliais, resultando na inflamação (Oelschlaerger *et al.*,2002).

A E.coli tem diferentes tipos de adesinas como :-

Os genes que codificam a adesina fimbrial (*afa, pap, sfa)* estão intimamente ligados no cromossoma de diferentes tipos de *E. coli* patogénica (Roberto *et al.,* 2004).

b-Adesina não-fimbrial (Intimin):- É uma proteína da membrana externa codificada pelo gene *eae* , este gene faz parte da ilha de patogenicidade LEE (Locus of enterocyte effacement) (Sean *et al.*,1999; Johnson *et al.,*2001).

Intimina responsável pela fixação e apagamento das células intestinais ou uroteliais do hospedeiro (aderência íntima entre as bactérias e a membrana dos enterócitos). Existem três variantes de **α, β** e γ. A intimina produzida por EPEC, EHEC (Monica *et al.,* 2000 ; Peterfeng *et al.*,2001).

2- Hemolisina:-a hemolisina é uma toxina formadora de poros, é o membro mais bem caracterizado da família de toxinas (RTX), que lisa as células através da criação de poros na membrana da célula-alvo e afecta os eritrócitos, os leucócitos e as células tubulares renais. Existem três tipos de hemolisina produzidos por *E. coli:* a hemolisina extracelular livre designada por alfa, a hemolisina associada às células designada por beta e a hemolisina gama produzida por uma estirpe resistente ao antibiótico ácido nalidexico (Russo *et al.,* 2005).

3- As enterotoxinas produzidas por *E. coli* enterotoxogénica não invasiva (ETEC), que tem os genes transportados no plasmídeo codificado para estas toxinas, que incluem dois tipos de enterotoxinas lábeis ao calor (LT) e enterotoxinas estáveis ao calor (ST) (Escobar-Paramo *et al.,*2004).

4- Verotoxinas ou toxinas do tipo Shiga, este termo baseia-se na reação das toxinas em células vero, pelo menos duas famílias destas toxinas ST X1 e ST X2 , que são produzidas por estirpes EHEC que têm os genes transportados no cromossoma codificados para estas toxinas, estas estirpes *de E.coli* causam um espetro de doenças humanas que vão desde a diarreia sem complicações até colite hemorrágica e síndrome hemolítico-urémico (Herbert *et al.*,1998; Johnson *et al.,2000).*

5- As cápsulas representam uma barreira protetora adicional que torna o hospedeiro mais suscetível e protege as bactérias contra a dessecação e actua como antifagocitose, anticomplemento e resistência ao soro (Mark *et al.*,2004).

6- Lipopolissacarídeos que actuam como endotoxinas (Amor *et al.*,2000).

7- Outras toxinas, como o fator necrosante citotóxico (CNF) que interfere com a fagocitose, a aerobactina que actua como sidroforo, os síndromes de morte súbita do lactente (SIDS) e a toxina distensora citoletal (CLDT) (Emody *et al.*,2003).

Capítulo 9. História da hemolisina

Kayser (1903), o primeiro a assinalar a presença de hemolisina (fator de lise dos glóbulos vermelhos), que é produzida por algumas estirpes patogénicas de *E. coli*, a que deu o nome de estirpes hemolíticas, quando observou que o sobrenadante de cultura de algumas *E. coli* retinha atividade hemolítica (Stephen *et al.*,1984).

Lovell e Ress (1960) obtiveram hemolisina a partir de cultura de caldo de *E. coli* após cultura em caldo de infusão de carne alcalino. Smith (1963) foi o primeiro a diferenciar claramente a hemolisina sem células (a-hemolisina) e a hemolisina ligada às células (0-hemolisina) em culturas de *E. coli* cultivadas em caldo de extrato de carne alcalino e explicou que, nas mesmas condições de crescimento, algumas estirpes hemolíticas de *E. coli* podem produzir simultaneamente os tipos alfa e beta (Goni e Ostolaza, 1998).

Smith e Walton (1969) descobriram um terceiro tipo de hemolisina denominada (hemolisina **y**) que é produzida por estirpes *de E. coli* mutantes resistentes ao ácido nalidíxico, este tipo de hemolisina não lise as hemácias humanas ou de coelho, mas lise as hemácias de outros mamíferos como os cavalos, pelo que podemos aumentar a produção de hemolisina gama através do cultivo de *E. coli* em meios que contenham ácido nalidíxico (Martinez *et al.,* 1999).

9.1 Hemolisina de *E.coli*

A hemolisina é sintetizada como um polipéptido de aminoácidos, sendo o protótipo de uma família de proteínas homólogas (principalmente exotoxinas) (Hyland *et al.,* 2001).

A hemolisina, segregada por diferentes tipos de bactérias, provoca a lise dos glóbulos vermelhos através da formação de poros na membrana plasmática, daí o seu nome. Uma das mais importantes caraterísticas de semelhança da hemolisina com a membrana externa das bactérias Gram negativas, que contém uma elevada percentagem de aminoácidos hidrofóbicos nas cadeias laterais. A proteína hemolisina contém uma estrutura notável, nomeadamente um motivo peptídico rico em glicose que se repete em tandem entre 9 e 42 vezes, motivo esse que lhe valeu o nome de família RTX (Repeat in ToXin) (Addison *et al.*,2000; Aktins *et al.*,2000).

A hemolisina é uma proteína com peso molecular de 107 kilodalton, que lise os glóbulos vermelhos através da formação de poros na bicamada lipídica da membrana celular dos glóbulos vermelhos, esta atividade depende da presença de iões (Ca++), porque é membro da família RTX caracterizada pela riqueza de sequências de aminoácidos asparagina-glicina que se repetem na extremidade carboxílica da proteína (Welch, 2001; Cuzm *et al.*,2001).

As pesquisas recentes explicam que, a inserção pode ocorrer na ausência de iões de cálcio, mas a ligação destes iões à região repetida é muito importante na lise da membrana celular, a região de ligação dos iões de cálcio ocorre perto da extremidade carboxílica enquanto a região celular de inserção ocorre perto da extremidade amínica da proteína hemolisina (Hyland *et al.,2001,* Aitziber *et al.*,2002).

A hemolisina tem uma propriedade tóxica para os glóbulos vermelhos e actua numa vasta gama de células hospedeiras, tais como eritrócitos de animais e peixes de sangue quente, fibroblastos de embriões de galinha, fibroblastos de ratinho, leucócitos polimorfonucleares de monócitos e macrófagos, cerca de (50%) dos isolados *de E. coli* que causam doenças extra-intestinais, como as ITU, causam hemólise sanguínea (Todar 2002; May *et al.,2000).*

As estirpes uropatogénicas *de E. coli* no trato urinário segregam hemolisina como toxina extracelular formadora de poros nas células hospedeiras, que é considerada uma ferramenta importante das bactérias para obter o ferro e outros materiais que são importantes para o crescimento bacteriano (Bingenbidois *et al.,*2002).

A α-hemolisina de *E. coli* isolada das fezes é geralmente mediada por plasmídeos, enquanto a **α-hemolisina**, também frequentemente produzida por estirpes isoladas de doentes com ITU e outras infecções extra-intestinais, é mediada por cromossomas (Schmidt e Hensel, 2004).

A α-hemolisina não afecta apenas os eritrócitos, mas tem efeitos citocidas numa variedade de tipos de células, incluindo células fagocíticas, e prejudica a capacidade dos macrófagos para processar antigénios e apresentá-los às células T (Cuzm *et al.,* 2001).

A β-hemolisina é uma hemolisina associada à célula com uma gama de atividade hemolítica semelhante à **da a-hemolisina**, enquanto a enterohemolisina tem uma forte correlação entre a sua produção e a produção de verotoxinas de EHEC, cerca de 90% das EHEC produzem enterohemolisina, mas algumas EPEC produzem enterohemolisina. A enterohemolisina está associada às células e tende a ser produzida apenas numa fase tardia da fase de crescimento da *E. coli* (Valeva *et al.*, 2005).

9.2Papel da hemolisina na patogenicidade *da E.coli*

A E.coli é capaz de colonizar tanto o ambiente intestinal como o extra-intestinal do ser humano. Existe uma relação equilibrada entre o sistema imunitário humano e as estirpes de *E. coli,* que normalmente lhes permite ocupar o hospedeiro sem causar doenças, mas *a E. coli* tem a capacidade de causar doenças porque transporta diferentes factores de virulência como a adesina, a hemolisina e outras toxinas (Hilali *et al.*,2000 ;Bogyiova *et al.,2002* ; Birosova *et al.*,2004).

A hemolisina é uma toxina extracelular que afecta uma vasta gama de células hospedeiras, ligando-se ao recetor (B2- Integrão) na superfície dos linfócitos ou ligando-se ao recetor (glicoproteína) na superfície dos glóbulos vermelhos e inserindo-se depois na membrana celular (Atkins *et al.,2000;* Uhlen *et al.,2000;* Cortajarena *et al.,* 2003).

O mecanismo de ação da hemolisina depende da ligação da hemolisina ao recetor de glicoproteína, que depois se converte por polimerização numa estrutura complexa capaz de entrar na bicamada lipídica da membrana celular e a formação de poros leva à lise da célula em resultado da alteração da pressão (Aitziber *et al.*,2001).

A hemolisina é capaz de destruir as células do uroepitélio, libertar a enzima lisozima e outras enzimas associadas ou destruir especificamente os glóbulos brancos e os monócitos (Cuzm *et al.,*2001 e Aitziber *et al.*,2003).

α- Hemolisina produzida por *E.coli* capaz de lise de linfócitos, **β-** Hemolisina inibe a fagocitose e quimiotaxia de neutrófilos (Schindel *et al.*,2001; Koschinski *et al.*,2006).

A hemolisina ataca as células imunitárias sem estimular a sua lise, mas impede-as de desempenharem as suas funções. A citotoxicidade das bactérias para as células fitocíticas está associada à sua capacidade de produzir hemolisina. Todas as estirpes que produzem hemolisina são citotóxicas, enquanto as estirpes não hemolíticas não são citotóxicas (Mulvey *et al.,* 2000; Wai *et al.*, 2000).

Capítulo 10. Adesão e formação de biofilme

A adesão bacteriana desempenha um papel muito importante na colonização bacteriana na maioria dos ambientes e causa infeção, porque lhes permite colonizar o ambiente em condições em que, de outra forma, seriam lavadas (Mills e Powelson,1996).

Para muitas estirpes *de E. coli*, a adesão aos tecidos é considerada um requisito indispensável para a patogénese e a inibição desta adesão pode, por conseguinte, impedir o estabelecimento da doença numa fase precoce (Breines e Burnham,1994).

Existem dois tipos de adesão bacteriana

- **Adesão não específica**

A adesão não específica foi definida como a interação devida a todas as propriedades macroscópicas da superfície, como a carga ou a energia livre da superfície. A adesão não específica é a forma mais comum de adesão na natureza e envolve ligações não covalentes e interação hidrofóbica, as ligações não covalentes que envolvem forças electrostáticas, ligações de hidrogénio e, finalmente, forças de Vandervaals (Razatos *et al.*,1998; Briandet *et al.*,1999).

- **Adesão específica**

A adesão específica envolve uma ligação de chave e fechadura entre o recetor complementar e a molécula de adesina. Uma adesina é uma proteína produzida por um microrganismo e tem uma estrutura complementar na superfície da célula hospedeira. A molécula de adesina pode interagir facilmente com o recetor e não ser afetada pela estrutura da molécula interferente e pelas moléculas de carga negativa presentes na superfície bacteriana (Ofek e Doyle, 1994; Kuehen *et al.,* 1994).

Muitos membros das *Enterobacteriaceae*, especialmente *a E. coli*, expressam diferentes tipos de adesinas, como a intimina, que representa um agente de fixação e apagamento, e as fímbrias, que estão envolvidas na capacidade adesiva de certas estirpes e desempenham um papel ativo na adesão específica (Graafde e Gastra, 1994; Martindale *et al.*, 2000).

Foi demonstrado que as fímbrias são estruturas semelhantes a fibras (daí o seu nome), constituídas por polímeros de polipéptidos dispostos em torno de um canal central, cada célula bacteriana possui várias centenas de fímbrias que se encontram espalhadas pela célula e estão ancoradas na membrana externa, as fímbrias têm receptores específicos na superfície da célula-alvo que se ligam a ela (Reisener *et al.*,2003).

Embora na maior parte do tempo as bactérias estejam livres, preferem acumular as suas células para resistir às más condições ambientais, esta acumulação é designada por camada de adesão ou biofilme. O termo biofilme é utilizado para descrever as populações bacterianas que aderem umas às outras e \ou à superfície (Davey e O' Toole, 2000; Stoodley *et al., 2002).*

A formação de biofilme é favorecida na maior parte dos ambientes com nutrientes suficientes. A estrutura do biofilme é extremamente complexa, consistindo em microcolónias compostas por células de uma ou várias espécies. Os biofilmes são substâncias poliméricas extracelulares constituídas principalmente por glicoproteínas, que contêm glucose, galactose, manose, frutose, raminose e N-acetil glucose amina (Dolan e Costerson 2000; Prigent *et al.*, 2001).

As microcolónias de biofilme são separadas por canais cheios de água que, segundo a hipótese, promovem o influxo de nutrientes. O biofilme pode formar-se numa grande variedade de superfícies, incluindo superfícies sólidas húmidas, tecidos vivos moles e dispositivos médicos como cateteres. Os biofilmes atingem centenas de micrómetros de profundidade, pelo que são difíceis de tratar (Danese *et al.,* 2002; Nicola e Lazazzera, 2004; Romanova *et al.*, 2006).

Os flagelos, a motilidade e a quimiotaxia desempenham um papel importante na formação do biofilme, sendo os flagelos necessários para a fixação a uma superfície biótica, facilitando assim o início da formação do biofilme. A motilidade é necessária para permitir que uma bactéria atinja a superfície, facilitando assim o crescimento e a disseminação do biofilme. Por último, a quimiotaxia é necessária para que as bactérias nadem em direção aos nutrientes associados a uma superfície (Leslie e Kolter,1998; Mcbride,2001).

O biofilme tem um papel ativo na patogenicidade bacteriana porque as bactérias estão inseridas numa matriz de proteínas do hospedeiro e de lodo microbiano, que proporcionam um lar para o organismo e promovem o aumento da resistência aos medicamentos (O'Toole *et al.*, 2000; Hassett *et al,* 2003; Soto *et al, 2007).*

No caso de doentes cateterizados, o biofilme pode conter organismos com a capacidade de hidrolisar a ureia na urina para formar amoníaco livre, o que aumenta o pH do líquido do biofilme e leva à precipitação de minerais como o fosfato de cálcio, podendo estes minerais ficar presos no biofilme e causar a incrustação do cateter, que fica completamente bloqueado. O gene específico que codifica e controla a formação de biofilme em *E.coli* e a estirpe mutante não têm capacidade para a formação de biofilme (Stamm,1991; Rodney,2002).

Capítulo 11. Resistência aos antibióticos de *E.coli*

Os antibióticos são compostos bioquímicos produzidos naturalmente por certos tipos de microrganismos (bactérias e fungos) que inibem o crescimento ou matam outros microrganismos (Doi *et al.,2002).*

Foram descobertos diferentes tipos de antibióticos, alguns dos quais são classificados como antibióticos de largo espetro que actuam sobre uma vasta gama de bactérias (Gram positivas e Gram negativas), enquanto outros são classificados como antibióticos de espetro estreito que actuam sobre um tipo limitado de microrganismos (Hvidberg *et al.,2000).*

Certos tipos de bactérias são inerentemente resistentes ao efeito de um determinado antibiótico, o que se designa por resistência inata ou intrínseca, enquanto a resistência de outras bactérias a tipos de antibióticos é considerada como resistência adquirida, que pode resultar de mutação espontânea ou da aquisição de nova informação genética (Greenwood *et al.,1997;* Naster *et al.*,2001).

A resistência das bactérias a um determinado antibiótico pode resultar de mutações que alteram os componentes da célula bacteriana ou as bactérias podem possuir o plasmídeo que transporta os genes codificados para essa resistência ou por transposões que codificam a resistência e têm a capacidade de transferir para outro plasmídeo que não possui a propriedade de resistência, a aquisição de resistência entre as células bacterianas pode resultar de conjugação, transformação ou transdução (Schlessing e Eisenstein,1999 ;Hryniewicz *et al.*,2001).

A divisão dos antibióticos depende da sua estrutura química ou modo de ação, alguns antibióticos afectam a síntese da parede celular, como os p-lactâmicos e as ceflosporinas, e as polimixinas afectam a integridade da membrana celular (Todar, 2002).

Os aminoglicosídeos, a tetraciclina e os macrólidos actuam como inibidores da síntese proteica, enquanto as quinolonas inibem a síntese de ácidos nucleicos (Hooper, 2000; Todar, 2002; Brooks *et al.,* 2004).

A E.coli é resistente aos antibióticos 0-lactâmicos, podendo esta resistência resultar do facto de transportar o plasmídeo codificado para a enzima 0-lactamase ou de uma alteração da permeabilidade da membrana externa destas bactérias (Thamson e Moland, 2000).

Elisenda *et al.* (2002) verificaram que 7% das estirpes de *E. coli* são resistentes à amoxicilina e às ceflosporinas devido à secreção da enzima ceflosporinase ou ao facto de possuírem um plasmídeo de resistência. Qualquer alteração na membrana externa da *E. coli* que impeça a entrada do antibiótico no interior da célula bacteriana é considerada uma das formas de resistência (Bush e Jacob, 1997; Alonso *et al.,* 2002).

A avaliação da resistência bacteriana aos antibióticos depende de muitos factores, tais como o tipo de estrutura química do antibiótico, o modo de ação do medicamento, o período de utilização, o tipo de bactéria e a sua capacidade de desenvolver o seu mecanismo de resistência contra um determinado antibiótico (Pitout *et al.,* 1997).

Recentemente, cerca de 30% dos casos de infeção do trato urinário não são tratados devido à resistência da bactéria *E. coli* aos antibióticos e estas bactérias representam o principal agente causador de 85% destes casos (Iruka *et al.,2000).*

Capítulo 12. Reação em cadeia da polimerase

A reação em cadeia da polimerase foi inventada por Kary Mullis em 1983 e revolucionou a forma como a biologia molecular está a ser realizada. Mullis recebeu o Prémio Nobel da Química em 1993 por esta invenção. O nome deste processo vem da ADN polimerase, a enzima que efectua a replicação do ADN numa célula. Este processo é uma reação em cadeia porque a polimerase do ADN permite a replicação repetida até que existam milhões ou mais de cópias do ADN alvo (Leland *et al.,* 2000).

PCR: pode ser definida como uma técnica *in vitro* de biologia molecular que permite a produção de grandes quantidades de um ADN específico a partir de um modelo de ADN complexo numa reação enzimática simples (White *et al.,* 1992).

Os componentes típicos da reação de PCR são o ADN modelo, que contém a região do fragmento de ADN a amplificar, os iniciadores, que são cadeias curtas de ADN artificial, frequentemente com um máximo de 50 pares de bases, complementares ao início ou ao fim do fragmento de ADN a amplificar, a Taq ADN polimerase, o trifosfato de desoxi nucleósido (dNTPs), o tampão de PCR e o $MgCl_2$ (Mullis e Faloona, 1987). O processo de amplificação por PCR consiste geralmente em 30 a 40 ciclos repetidos de :-

A- Desnaturação do ADN: - o ADN modelo é primeiro desnaturado por aquecimento, normalmente a (94 - 95) °C, como se mostra na figura (2). É muito importante que a reação atinja uma temperatura em que ocorra uma separação completa das cadeias. Um aquecimento insuficiente durante o passo de desnaturação é uma causa comum de falha na reação de PCR (Arnheim,1992).

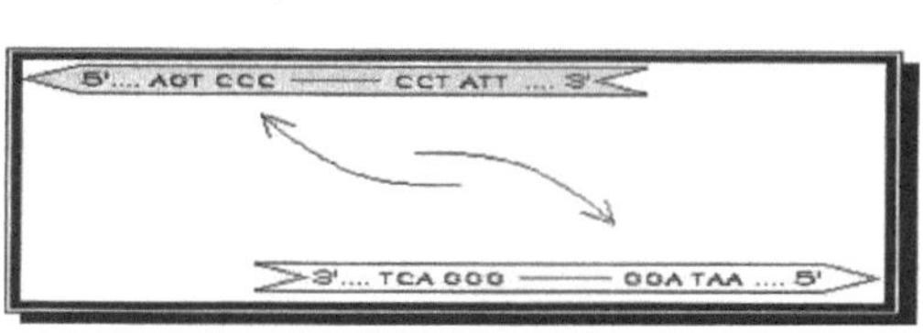

Figura (2) Processo de desnaturação

B- Recozimento dos primers ao ssDNA: - Nesta fase, a mistura de reação é arrefecida a uma temperatura que permita o recozimento do primer à sua sequência alvo, como se mostra na figura (3). A temperatura a que o recozimento é efectuado depende do comprimento e do conteúdo de guanina e citosina dos primers (Arnheim,1992).

Figura (3) Recozimento dos iniciadores

C- Extensão dos primers: - Os primers recozidos são estendidos com TaqDNA polimerase geralmente a 72°C, a adição de dNTPs será na extremidade -5 do ADN modelo. O tempo de incubação a 72°C varia de acordo com o comprimento da sequência alvo que está a ser amplificada. Processo de extensão mostrado na figura (4) (Arnheim,1992).

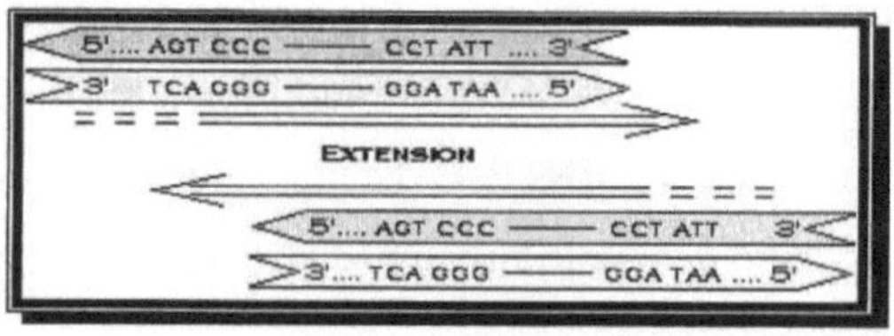

Figura (4) Extensão dos iniciadores

O ciclo de desnaturação, recozimento e extensão é repetido muitas vezes, o que resulta na acumulação exponencial de um fragmento específico cujos terminais são definidos pelas extremidades dos iniciadores e cujo comprimento é definido pela distância entre os iniciadores, como se mostra na figura (1-6).

O protocolo original para a PCR utilizava o fragmento klenow da *E.coli* DNA polimerase I para estender os primers recozidos. Esta enzima era inactivada pela elevada temperatura necessária para desnaturar o ADN, pelo que tinha de ser adicionada nova enzima em cada ciclo. Este problema foi resolvido com a introdução da DNA polimerase termoestável (Taq DNA polimerase), que foi isolada pela primeira vez da bactéria termofílica *Thermus aquaticus.* A Taq DNA polimerase é produzida a partir de uma *E.coli*, onde o gene desejado é introduzido nesta bactéria após a sua recuperação do *Thermus aquaticus*, esta enzima tem uma série de vantagens em relação a outras polimerases de ADN, principalmente a sua estabilidade a altas temperaturas, necessária para a etapa de desnaturação do ADN, podendo suportar temperaturas até 94 °C durante cerca de 2 horas, pelo que não é necessário adicionar uma nova enzima à reação durante cada ciclo, além de que esta enzima é muito possessiva, pelo que pode ser produzida uma molécula relativamente longa (Lawyer *et al.*,1989).

Os primers utilizados na PCR determinam o sucesso ou o fracasso de uma reação de amplificação mais do que qualquer outro componente, determinando o início e o fim da região a amplificar. Os primers têm normalmente 18 a 25 pares de bases e o teor de GC deve situar-se entre 40 e 60%. Os primers recobrem-se aderindo ao modelo de ADN nestes pontos de início e fim, onde a ADN polimerase se liga e inicia a síntese de uma nova cadeia de ADN. Verificou-se que a concentração da enzima e dos primers, o tempo de recozimento, o tempo de extensão e o número de ciclos de PCR afectam a especificidade da PCR (Ou, 1990; Jeladit e Al-Asy, 2002).

Devido à especificidade e à exatidão dos resultados da PCR, as ITU, das quais *a E. coli* é o principal agente causador, estão entre as infecções humanas mais comuns e a gravidade da ITU depende tanto da virulência da bactéria infetante como da suscetibilidade do hospedeiro, pelo que se utiliza a PCR para fazer um diagnóstico rápido e exato dos casos de ITU, uma vez que foram concebidos primers específicos para detetar os genes de virulência da *E. coli* patogénica (Blanco *et al., 1997;* Hinata *et al.,* 2004).

O ensaio PCR foi desenvolvido para permitir a deteção simultânea de genes de virulência utilizando um iniciador específico que amplifica estes genes de virulência que codificam as caraterísticas patogénicas de virulência da *E. coli* uropatogénica (Yommato *et al.,* 1995).

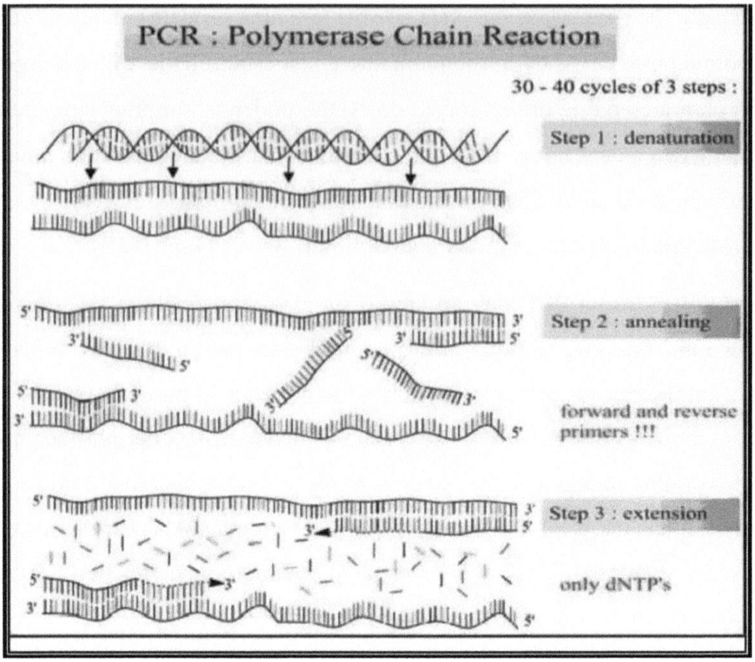

Figura (5) Resumo da reação em cadeia da polimerase

Referência

-A-

• **Addison, K. M.; Gleason, T. G.; Sawyer, R. G. e T. L. Pruett (2000).** Contribuição da alfa-hemolisina *de E.coli* para a virulência bacteriana e para a alteração intraperitoneal na peritonite. Infect. Immun.;1(68):176-183.

• Aitziber, **L.; Goni, F. M. and H. Ostolaza (2001).**Glycophorin as are recetor for *Escherichia coli* a-hemolysin. in erythrocytes. J. Biol. Chem.; 276:12513- 12519.

• **Aitiziber, L. C.; Goni, F. M. and H. Ostolaza (2002).**His-859 é um resiude essencial para a atividade e dependência do pH da hemolisina alfa da toxina RTX *de E.coli* .J. Biol. Chem.; 277(26):23223-23229.

• **Aitziber, L. ; Gone, F. M. and H.Ostolaza (2003).**Areceptor - região de ligação na a-hemolisina *de Escherichia coli* . J. Biol. Chem.;278:19159- 19163

• **Al- Haddad, A. M. (2005).** Infecções do trato urinário entre mulheres grávidas no distrito de Al-Mukalla, Yamen. Jornal de Saúde do Mediterrâneo Oriental ;11(3).

• **Alonso, R .; Gerbaud, G.; Gdimand , M. e P., Courvalin (2002)**. TEM - 103 / IRT - 28 P-lactamase , uma nova variante TEM . produzida por *Escherichia coli* BM 4511. Antimicrob . Agent . Chemother. 46 : 3627- 362.

• **Alos, J. I.; Serrano, M. G.; Gomez- graces, J. L. e J., Perianes (2005).** Resistência antibiótica de *Escherichia coli* de infecções do trato urinário adquiridas na comunidade em relação a dados demográficos e clínicos. C. M. I.;11(3): 199-204.

• **Al-Razi Abu-Bakir (século IX d.C.) Citado por Asccher, A.W. (1980).**Thechallenge of urinary tract infection Academic Press Inc., Londres. Academic Press Inc. Londres.

• **Alraek, T.; Soedal, L.; Fagerheim, S.; Digranes, A. e A. Baerheim (2002).** "Tratamento de acupunctura na prevenção de infecções recorrentes e não complicadas do trato urinário inferior em mulheres adultas". Am. J. Public Health.; **92**(10): 1609-11.

• **Amor, K.; Heinrichs, D. E.; Fridrich, E.; Ziebell, K.; Johnson, R. P. e C., Whitfeild (2000).**Distribution of core oligosaccharide types in lipopolysaccharides from *Escherichia coli* . Infect. Immun.;68:1116-1124.

• **Anderson, G. G.; Palmero, J. J.; Schilling, J. D.; Roth, R.; Heuser, J. e S. J. Hultgren (2003).**Intracellular bacterial biofilm-like pods in urinary tract infections. Science. ;301:105-107.

• **Anderson, G. G.; Karen, W. D.; Thomas, M. H. e S. J. Hultgren (2004).**Comunidades bacterianas intracelulares de *Escherichia coli* uropatogénica na patogénese do trato urinário.Trends in Microbiology ;12(9): 424- 430.

• **Anderson, B. N.; Albert, M. D.; Lina, M. N.; Kaoru, K.; Veronika, T.; Vogel, V.; Evgeni, V. S. e E. T. Wendy (2007).** A fraca adesão ao rolamento aumenta a colonização da superfície bacteriana. J. Bacteriol.;189 (5):1794 - 1802.

• **Andreu, A. A. E.; Stapleton, C. F.; Lockman, H. A.; Xercavins, M.; Fernandez, F. e W. E. Stamm (1997).**Urovirulence determinants in *Escherichia coli* strains causing prostatitis. J. Infect. Dis.;176:464- 469.

• **Andriole, V. T. e T. F. Patterson (1991).** Epidemiologia, história natural e tratamento das infecções do trato urinário na gravidez. Med. Clin. North Am.; 75: 359-373.

• **Aktins, A.; Wyborn, R. N.; Alistair, J.; Wallace, T. J.; Stillman, L. K. B.; Andrew B. Fielding, Hisakado, M.; Artymiuk, A. P. e Jaffrey Green (2000).**Structure - function relationships of a novel bacterial toxin hemolysin E. J. Biol. Chem.; 275(52): 41150- 411155.

• **Arnheim N.(1992).**Estratégia para a reação em cadeia da polimerase. Revisão anual de bioquímica ;61(135):131-156.

• **Atlas, R. M.(1995).** Princípio de microbiologia 1.ª ed. Mosby - year bock Inc.

• **Aune, A.; Alraek, T.; Huo, L. e A. Baerheim (1998).**Can acupuncture prevent cystitis in women? Tidsskr Nor Laegeforen. 118(9):1370- 1372.

-B-

- **Bent, S.; Nallamothu, B. K.; Simel, D. L.; Fihn, S. D. e S. Saint (2002).** Será que esta mulher tem uma infeção aguda do trato urinário não complicada? JAMA 287: 2701-2710.

- **Berg howard (2004).** *E.coli* in motion . New York: Springer.

- **Bingenbidois, M.; Clermont, O.; Bonacorsi, S.; Terki, M.; Brahimi, N. Loukil, C.; Barraud, D. e E. Bingen (2002).***Escherichia coli* com domínios semelhantes a ilhas de patogenicidade. Infect. Immun.; 70: 7185-7186.

- **Birosova, E.; Siegfried, L.; Kmetova, M.; Makara, A.; Ostro, A.; Gresova, P.; Urdzik, P.; Liptakova, A.; Molokacova, B.; Bartl, R. e L. Valansk (2004).**Deteção de factores de virulência em estirpes *de Escherichia coli* a-hemolítica isoladas de vários materiais clínicos .Clin. Microbiol. Infect.;10:569 - 573.

- **Blanco, M.; Blanco, J. E.; Rodriguez, E.; Abalia, I.; Alonso, M. P. e J. Blanco (1996).** Factores de virulência e grupos O de *Escherichia coli* isolados de pacientes com pielonefrite aguda, cistite e bacteriúria assintomática. Europ. J. Epidemiol.;12: 191 - 198.

- **Blanco, J. E.; Blanco, M.; Alonso, P.; Mora, G.; Dabbi, M.; Coira, A. e J. Blanco (2004).** Serotipos, genes de virulência e tipos de intimina de *Escherichia coli* produtora de toxina Shiga (verotoxina) isolados de pacientes humanos: prevalência em Lugo, Espanha, de 1992 a 1999.J. Clin. Microbiol.;42(1) : 311-319

- **Bogyiova, E.; Kmetova, M.; Biros, E. e L. Siegfried (2002)** Deteção de sequências de ADN específicas de pap, sfa e afa em estirpes de *Escherichia coli* isoladas de materiais extra-intestinais. Folia Microbiol; 47: 723-726.

- **Breines, D.M. e J.C. Burnham (1994).** Modulação da expressão fimbrial de *Escherichia coli* tipo 1 e adesão a células uroepiteliais após exposição de células em fase logarítmica a quinolonas em concentração subinibitória. Chemother.; 34:205-221.

- **Briandet, R.T.; Meylheuc, C.; Maher e M. N. Bellon-Fontaine (1999).** *Listeria monocytogens* Scott A: carga da superfície celular, hidrofobicidade e caraterísticas dos dadores e aceitadores de electrões em diferentes condições ambientais de crescimento. Appl.Environ.Microbiol.;65:5328- 5333.

- **Brubaker, L.(2005).**Urinary urgency and frequency: what should a clinicianDo? Obstet Gynecol ;105: 661-667.

- **Brzuszkiewicz, E.; Bruggemann, H.; Liesegang, H.; Emmerth, M.; Olschlager, T.; Nagy, G.; Albermann, K.; Wagner, C.; Buchrieser, C.; Emody, L.; Gottschalk, G.; Hacker, J. e U. Dobrindt (2006).**How to become an uropathogen: comparative genomic analysis of extraintestinal pathogenic *Escherichia coli* strains. Proc. Natl. Acad. Sci. USA;103: 1287912884.

- **Brooks, G. F.; Butel, J. S. and S. A. Morse (2004).**Jawetz, Melnick and Adelbergs Medical Microbiology 21th ed . Appleton e Lange .

- **Bush, k. e G. Jacoby (1997).**Nomenclatura da ß-lactamase TEM. J. Antimicrob. Chemother; 39 :1- 3.

-C-

- **Car, J.; Svab, I.; Kersnik, J. e M. Vegnuti (2003).**Management of lower urinary tract infection in women by Slovene GPs. *Fam. Pract.;* 20: 452- 456.

- **Car, J. (2006).**Infecções do trato urinário: diagnóstico e tratamento. *BMJ;* 332: **94-**97.

- **Chomarat, M. (2000)**. Resistência das bactérias nas infecções do trato urinário. Int.J. Antimicrob. Agents ;16: 483-487.

- **Cortajarena, A. L.; Goni, F. M. and H. Ostolaza (2003).**A recetor- binding region in *Escherichia coli* (alpha) - hemolysin . J. Biol. Chem.;278: 19159 - 19163.

- **Costerson, J. W.; Stewart, P. S. and E. P. Greenberg (1999).**Bacterial biofilm: a common cause of persistent infections . Ciência; 284 : 1318- 1322

- **Cruickshank, R.; Duguid, J. P. ; Mornion, B. P. e R. H. A. Swain (1975).** Medical microbiology.Vol. 2 . 12ª ed. Churchill Livingston, Nova Iorque

- **Cuzm, C.; Verri , N.; Olarte, E. C.; Garcia, F.; Arvidson, S. e E. Moreno (2001).** Degradação protolítica in vivo da *Escherichia coli;* Acil transferase HlyC . J. Biol. chem.;276 : 16660 - 16666.

-D-

- **Danese, P. N.; Mah, T. F. e G. G.Anderson (2002).** A produção de exopolissacarídeos é necessária para o desenvolvimento da arquitetura do biofilme de *Escherichia.coli* K-12. J. Bacteriol.;182: 3593 - 3596.
- **Davey, M.E. e G. O. O. Toole (2000).** Biofilmes microbianos: da ecologia à genética molecular. Microbiol. Mol. Biol. Rev .;64:847- 867.
- **Doi, Y.; Shibiro, N.; Shibayama, K.; Kamachi, K; Kurokawa, H.; Yokoyama, K.; Yagi, T. e Y. Arakawa (2002).**Caracterização de um novo plasmídeo - Mediado por cefalosporinas e o seu ambiente genético num isolado clínico de *Escherichia coli.* Antimicrob . Agents Chemother.;46 :2427 - 2434 .
- **Dolan, W.M. e Costerton, J.W. (2002).** Biofilme: mecanismos de sobrevivência de microorganismos clinicamente relevantes. Clin. Microbiol. Rev.;15: 167- 193.
- **Donnenberg Michaels (2002).** *Escherichia coli*: mecanismos de virulência de um agente patogénico versátil. San Diego : Elsevier Science .

-E-

- **Echols, R. M.; Tosiello, R. L.; Haverstock, D. C. e A. D. Rice (1999).**Parâmetros demográficos, clínicos e de tratamento que influenciam o resultado da cistite aguda. Clin. Infect. Dis.; 29:113-119.
- **Ehrlich, G.; Hu, F.; Shen, K.; Stoodley, P. e J. Post (2005).** "Pluralidade bacteriana como mecanismo geral de persistência em infecções crónicas". Clin. Or the Relat. Res.;6: 20-24.
- **Eisenstein, B. I. e D.F. Zaleznik (2000).**Urinary tract infections. In: principles and practice of infections disease (ed G. L. Mandell; R. G. Douglas; J. E. Bennet). P: 582-587.Churchill Livingstone. New York.

• **Elisenda, M.; Navarro, F.; Mirelis, B.; Sabate, M.; Rivera, A.; Coll, P. e G. Prats (2002).** Prevalência de isolados clínicos de *Escherichia coli* produtores de 0-lactamases resistentes aos inibidores num hospital universitário de Barcelona, Espanha, durante um período de 3 anos. Antimicrob. Agents Chemother.;46 : 399 1- 3994 .

• **Emody, L.; Kereny, M. e G. Nagy (2003).**Factores de virulência da *E.coli* uropatogénica. Internat J. of Antimicrob. Agents;22:S29-S33.

• **Escobar-Paramo, P.; Clermont, O.; Blanc-Potard, A. B.; Bui, H., Le B.C. e E.** Denamur **(2004).** É necessário um fundo genético específico para a aquisição e expressão de factores de virulência em *Escherichia coli.* Mol. Biol. Evol.;21: 1085-1094.

-F-

• **Fahey, T.; Webb, E.; Montgomery, A.A. e R.S. Heyderman (2005).** Gestão clínica da infeção do trato urinário nas mulheres: um estudo de coorte prospetivo. Fam. Pract.; 20: 1-6.

• **Foxman(1990).** Recurring urinary tract infections: incidence and risk factors (Infecções recorrentes do trato urinário: incidência e factores de risco). Am. J. Pub. Health;80:331-333.

• **Franz, M. e W.H. Horl (1999).**Erros comuns no diagnóstico e tratamento das infecções do trato urinário. II Controlo clínico . Neph. Dial . Transpl.;14: 2754-2762.

- G -

• **Gehua Wang, Clifford, G.; Clark e F. G. Rodgers (2002).** Deteção em *Escherichia coli* dos genes que codificam os principais factores de virulência, dos genes que definem o serótipo O157: H7 e dos componentes da família da toxina shiga tipo 2 por PCR multiplex. J. Clin. Microbiol.;40(10): 3613 -3619.

• **Goni, F. M. e H. Ostolaza (1998).** Hemolisina alfa *de E.coli*: uma toxina protéica de membrana.Brazilian J.Med.Biological.Res.,31:1019-1034.

• **Graafde, F. K. e W. Gasstra (1994).** Fímbrias de *Escherichia coli* enterotoxogénica. P: 53-83. In: P. Klemm(ed.) fimberiae :Adhesion, genetics, biogenesis and vaccines . CRC Press. Boca Raton.

• **Greenwood, D .; slack, R. e J. Peutherer (1997).** Medical microbiology 5thed . Churchill Liuingstone Inc.

• **Gupta, K.; Scholes, D. e W. E. Stamm (1999).** Aumento da prevalência da resistência antimicrobiana entre os uropatógenos que causam cistite aguda não complicada em mulheres. JAMA,'281: 736-738.

• **Gupta, K.; Hooton, T. M.; Roberts, P. L. e W. E. Stamm (2001).** Patient- initiated treatment of uncomplicated recurrent urinary tract infections in young women (Tratamento iniciado pelo paciente de infecções do trato urinário recorrentes não complicadas em mulheres jovens). ANN. INTER. MED.;135: 9-16.

• **Guyer, D. M.; Kao, J. S. and H. L. T Mobley (1998).**Análise genómica de uma ilha de patogenicidade em *Escherichia coli* uropatogénica CFT073: distribuição de sequências homólogas entre isolados de doentes com peilonefrite, cistite e bacteriúria associada a cateter e de amostras fecais. Infect. Immuw.;66: 4411-4417.

-H-

• **Hacker, J.; Blum-Oehler, G.; Muhldorfer, I. e H. Tschape** (1997). Ilhas de patogenicidade de bactérias virulentas: estrutura, função e impacto na evolução microbiana. Mol. Microbiol.; 23:1089-1097.

• **Harding, G. K. M. e A. R. Ronald (1994).** The management of urinary tract infection: what have we learned in the past decade. Int. J. Antimicrob. Agents;4;83-88.

• **Harmnali, O. H., Cheng, G. Y.; Nyirjesy, P.; Chatwani, A. e J. P. Gaughan (2000).**Urinary tract infections in women with bacterial Vaginosis. Obstet Gynecol ;95: 710-712.

• **Hassett, J.; Daniel, N.; Patrick, A. L.; Robert, F. H.; Klose, K. E.; Robert, E. W.; Hancook , M. D. P. e D. F. Hunt (2003).**Bacterial biofilm of importance to medicine and bioterrorism : Proteomic techniques to identify novel vaccine component and drug targets. Parecer de peritos em terapia biológica ;3(8): 1201-1209.

• **Haward (1997).** Urinálise macroscópica . 6ª ed. . capítulo 10 . Doenças do rim Vol .295 - 30.

• **Herbert Schmidt, Geitz, G.; Tarr, P. I.; Frosch, M. e H. Kaech (1999)** . *Escherichia coli* não O157 patogénica produtora de toxina Shiga: perfil fenotípico e genético de caraterísticas de virulência e provas de clonalidade. J. Infect. Dis.;179:115-23.

• **Hilali, F.; Ruimy, R. e P. Saulnier (2000).** Prevalência do gene de virulência e clonalidade em estirpes *de Escherichia coli* que causam bacterimia em doentes com cancro. Infect. Immun .;68: 3983 - 3989.

• **Hinata, N.; Shirakawa, T.; Okada, H.; Shigemura, K.; Kamidono, S. e A. Gotoh (2004).** Deteção quantitativa de *Escherichia coli* na urina de pacientes com bacteriúria por PCR. Mol. Diagn.;8 (3) : 179 -84.

• **Holt, J. C.; Krieg, N. R. e A. Sneath (1994).**Bergy's manual of determinative bacteriology. 9th edição Williams e Wiken.

• **Hooper(2000).**Quinolones. P. 404-423. Em: G.L. Mandell, J.E. Bennett, R.Dolin (ed). Mandell, Douglas, & Benetts principles and practice infectious disease. 5ª ed., Churchill Livingstone, Filadélfia. Churchill Livingstone, Filadélfia.

• **Hooton, T. M.; Scholes, D.; Hughes, J. P.; Winter, C.; Roberts, P. L.; Stapleton, A. E.; Stergachis, A. e W. E. Stamm (1996).**A prospective study of risk factors for symptomatic urinary tract infection in young women. *N.*Engl. J. Med.;335:468-474.

• **Hooton, T. M.; Scholes, D.; Stapleton, A. E.; Roberts, P. L.; Winter, C.; Gupta, K.; Samadpour, M. e W. E. Stamm (2000).** A Prospective study of asymptomatic bacteriuria in sexually active young women (Estudo prospetivo da bacteriúria assintomática em mulheres jovens sexualmente activas). *NEJM;* 343: 992-997.

• **Hryniewicz, K.; Szezypa, K.; Sulikowska, A.; Jankowski, K.; Betlejewska, K. e W. Hryniewicz (2001).** Antibiotic susceptibility of bacterial strains isolated from urinary tract infections in Poland (Suscetibilidade a antibióticos de estirpes bacterianas isoladas de infecções do trato urinário na Polónia). J. Antimicrob. Chemother.;47: 773

- 780 .

• **Huang, E. S. e R. S. Stafford (2002).** National patterns in the treatment of urinary tract infections in women by ambulatory care physicians (Padrões nacionais no tratamento de infecções do trato urinário em mulheres por médicos de cuidados ambulatórios*)*. Arch. Intern. Med.*;* 162: 41-47.

• **Hummers-Pradier, E.; Ohse, A. M.; Koch, M.; Heizmann, W. R e M.M. Kochen(2005).**Management of urinary tract infections in female general practice patients. Fam. Pract.; 22: 71-77.

• **Hvidberg, H.; Strure , C.; Krogfelt , K.; Christensen , N.; Rasmussen , S. e N. F. Muller (2000).** Desenvolvimento de um modo de rato de infeção do trato urinário ascendente a longo prazo1 para estudos de tratamento com antibióticos. Antimicrob. Agents . Chemother; 44 :156 - 163

• **Hyland, C.; Vuilard, L.; Hughes, C. e V. koronakis (2001).** Interação com a membrana da hemolisina *de Escherichia coli*: flutuação e marcação dependente da inserção por vesículas de fosfolípidos. J. Bactcriol.;183 :5364 - 5370 .

-I-

• **Iruka, N.; Susan, T.; Fayinka e A. Lamikanar (2000).** Antibiotic resistance in *Escherichia coli* from Nigerian students, 1986- 1998. Emerg. Infect. Dis.; 6(4).

-J-

• **Jaffee, J. S.; Stamm, W. E. e T. M Hotoon (1994).** Colheita de urina para cultura. N. Engl. J. Med.;331: 617- 618.

• **Jancel, T. (2002).**Tratamento da infeção do trato urinário sem complicações. J. Microbiol.;176: 51-55.

• **Jawetz, M. D.; Melinck, J. L. e E. A. Adelberg (2001).**Medical microbiology .Twentieth second ed . Prentice- Hall, EUA.

• **Jeladitt, M. S. e A. S. AL-Asy (2002).** Reação em cadeia da polimerase . Iraque . J. Biotech.;1(1): 13-33.

• **Johnson, A.D.; Metzger, J. F. e L. Spero (1976).** Produção, purificação e caraterização química da toxina esfoliativa *de Staphylococcus aureus*. Infect & Immun.;12: 1206.

• **Johnson, J. R. e W. E. Stamm (1987).**Diagnóstico e tratamento de infecções agudas do trato urinário. Infect Dis. Clin. North Am.; 1: 773-791.

• **Johanson, J. R. e W. E. Stamm (1989).** Infeção do trato urinário nas mulheres: diagnóstico e terapia. Ann. Intern . Med.;111 : 906 - 917.

• **Johnson, J. R.; Russo, T. A. e J. J. Brown (1998).** Alleles of *Escherichia coli* Strains causing first-episode or recurrent acute cystitis in adult women. J. Infect Dis.; 177: 97-101.

• **Johnson, J. R.; Kuskowski, M.; Denamur, E.; Elion, J. e B. Picard (2000)** . Origem clonal, factores de virulência e virulência. Infect. Immun.; 68:424 -425.

• **Johnson, J. R.; Stell, A. L.; Kaster, N.; Fasching, C. e T.T. O'Bryan (2001)** . Novas variantes moleculares do alelo I do gene da adesina P-fimbrial de *Escherichia coli* papG. Infect. Immun. ;69: 2318-2327.

• **Johnson, J. (2003).** Determinantes de virulência microbiana e a patogénese da infeção do trato urinário. Infect Dis. Clin. North Am.;17:261-270.

• **Johnson, J. R.; Owens, K.; Gajewski, A. e M. A. Kuskowski (2005).** Bacterial characteristics in relation to clinical source of *Escherichia coli* isolates from women with acute cystitis or pyelonephritis and uninfected women. J. Clin. Microbiol.; 43: 6064-6072.

• **JosipCar (2006).**Infeção do trato urinário na mulher: diagnóstico e tratamento nos cuidados primários. BMJ.; 332 : 94 - 97.

-K-

• **Kaper, J. B.; Nataro, J. P. e H. L. Mobley (2004).** ***Escherichia coli*** **patogénica. Nat. Rev. Microbiol .;2 : 123-140.**

• **Katz, A. R (2003).** "Infecções do trato urinário e acupunctura". Am. J. Public

Health; 93 (5): 702-703.

- **Khalili, M.; Pourshalie, M. K. e M. Seifi (2000).** Infeção bacteriana do trato reprodutivo. J. Mid . East Fertile . Society; 2: 126-131.

- **Klemm P. e M. A. Schembri (2000).** Bacterial adhesins: function and Structure . Int. J. Med. Microbiol; 290 : 27 - 35.

- **Kolmos, H. J. e P. Little (1999).** Controvérsias na gestão: devem os médicos de clínica geral efetuar testes de diagnóstico aos pacientes antes de prescreverem antibióticos? BMJ 318: 799- 802.

- **Koschinski, A.; Repp, H.; Unver, B.; Dreyer, F.; Brockmeier, D.; Valeva, A.; Bhakdi S., e I. Walev (2006).** Por que a hemolisina alfa *de Escherichia coli* induz oscilações de cálcio em células de mamíferos - o poro está sozinho. FASEB J.; 20: 973-975.

- **Kuehen, M. J.; Haslam, D.; Normark, S. e S. J. Hultgren (1994).**Structure function and biogenesis of *Escherichia coli* P pili. P. 37-51. In:P. Klemm (ed.) Fimbriae: adesão, genética, biogénese e vacina. CRC press . Boca Raton.

-L-

- **Lawyer, F. C.; Stoffel, S.; Saiki, R. K. e K. Myambo (1989).** Isolamento, caraterização e expressão em *Escherichia* coli do gene da DNA polimerase de *Thermus aquaticus* . J. Biol. Chem.; 246 (11). : 6427 - 37.

- **Le, J.; Briggs, G. G; Mckeown, A. e G. Bustillo (2004).** Infecções do trato urinário durante a gravidez. The Annals of Pharmacotherapy ;38: 1692-1701.

- **Leland, H. H.; Leroy, H.; Michael, L.G.; Ann, E.R.; Lee, M.S. e C.V. Ruch (2000).** Genética dos genes ao genoma. 1sted. Macgraw hill companies.

- **Leslie, L.A. e R. Kolter (1998)** Análise genética da formação de biofilme *de Escherichia coli*: papel dos flagelos, motilidade, quimiotaxia e pili de tipo I. Mol. Microbiol;30 : 285 - 293.

- **Lemon, P. e K. Burke (2000).** Pensamento crítico de enfermagem médico-cirúrgica nos cuidados ao cliente. New Jersey: Prentice Hall Heal.

-M-

• **Mandal, P.; Kapil, A.; Goswami, K.; Das, B. e S. N. Dwivedi (2001).** *Escherichia coli* uropatogénica que causa infecções do trato urinário. Indian J. Med. Res.; 114: 207-211.

• **Mark, A. S.; Dalsgaard, D. e Per Klemm (2004).**Capsule shields the function of short bacterial adhesion. J. Bacteriol.; 186 (5): 1249-1257.

• **Martindale, J.; Stroud, D.; Moxon, E. R. e C. M. Tang (2000).** Análise genética da colonização gastrointestinal *de Escherichia coli* K1. Mol. Microbiol.;2(4) : 450 - 464.

• **Martinez-Martinez, L.; Fernandez, F. e E. J. Perea (1999).** Relação entre a produção de hemólise e a resistência às fluoroquinolonas em isolados clínicos de *Escherichia coli.* J. Antimicrob. Chemother; 43:277-279.

• **May, A. K.; Gleason, T. G.; Sawyer, R. G. e T. L. Pruett (2000)** Contribution of *E.coli* alpha-hemolysin to bacterial virulence & to intra peritoneal alteration in pertonitis. Infect. Immun .;68(1): 176-183.

• **Mcbride Mark, J. (2001).** Bacterial gliding motility : multiple mechanisms For cell movement over surfaces. Revisão anual de Microbiol; 55(1): 1 - 49.

• **Mcisaac, W. J.; Low, D. E.; Biringer, A.; Pimlott, N.; Evans, M. e R. Glazier(2002).**The impact of empirical management of acute cystitis on unnecessary antibiotic Use. Arc. Intern. Med.; 162: 600-605

• **Mehnert, S. A. (2005).**Diagnóstico e tratamento de infecções do trato urinário não complicadas. Am. Fam. physician; 72:451-460.

• **Middendrof, D. F.; Herbert , L. A.; Hutt, D. M.; Spital, A.; Stamm, W. E. e T. M. Hotoon (1994).**Management of urinary tract infections.N. Engl. J. Med.; 330: 729-729.

• **Mills, A. e D. K. Powelson (1996).** Bacterial interactions with surface in soil . in bacterial adhesion molecular and ecological diversity . Fletcher, M. (ed.). Nova Iorque: John Wiley and Sons, pp:25-57.

- **Ming - Cheng Wang, Chin-Chung, T.; Chiung-Yu, C.; Jiunn-Jong, W. e H. Jeng-Jong (2002).** The role of bacterial virulence and host factors in Patients with *Escherichia coli* bacteremia who have acute cholangitis or upper urinary tract infection. Clin. Infect. Dis.; 35:1161-1166.

- **Mobley, H. L. T. (2000).** Virulência dos dois principais agentes uropatogénicos. ASM News; 66:403-410.

- **Monica, A.; Vierira, M.; Joao, R.; Andrade, C.; Luiz, R.; Trabuisi, A. C.; Rosa, p.; Angela, M.; Dias, M.; Sonia, R. T. S.; Ramos ,G. F. e T. A. T. Gomes(2000).** Caraterísticas fenotípicas e genotípicas de estirpes de *Escherichia coli* de serogrupos de *E.coli* não enteropatogénica (EPEC) portadoras de eae e desprovidas das sequências de sonda de DNA do fator de aderência e da toxina shiga de EPEC. J. infect. Dis.; 183:762-72 .

- **Morin, M. D. e W. J. Hopkins (2002).** Identificação de genes de virulência em *Escherichia coli* uropatogénica por reação em cadeia da polimerase multiplex e sua associação com a infecciosidade em ratos. Urology ;60(3) :537- 41.

- **Mullis, K.B. e F.A. Faloona (1987).** Síntese específica de ADN através da reação em cadeia da polimerase, Science ,155: 335-350.

- **Mulvey, M. A.; Schilling, J. D.; Martinez, J. J. e S.J. Hultgren (2000).** Bad bugs and beleaguered bladders: interplay between uropathogenic *Escherichia coli* and innate host defense. Proc. Natl. Acad. Sci. USA;16: 8829 - 8835.

-N-

- **Naber, K. G.(1996).**Optimal management of uncomplicated and complicated urinary tract infection. Med. Microbiol. Lett .5: 372 - 380.

- **Naber, K. G. (2000).** Virulência dos dois uropatógenos primários. ASM News 66;403-410.

• **Nester, E. G.; Denise, G.; Anderson, E. R. J. R.; Peaesall , N. N. e T. Martha.(2001).**Microbiologia uma perspetiva humana. 3 ed . Macgraw hill companies.

• **Nicola, R. S. e B. A. Lazazzera (2004).** Sinais ambientais e vias reguladoras que influenciam a formação de biofilme. Mol. Microbiol.;52(4): 917 - 924.

• **Nicolle, L. E. (2001).**Epidemiologia da infeção do trato urinário. Infect. Med.;18:153-162.

-O-

• **Ofek, I. e R. J. Doyle (1994).**Bacterial adhesion to cells and tissues Chapman and Hall. London.

• **Oelschlaeger, T. A.; Dobrindt, U. e J. Hacker (2002).** Factores de virulência dos uropatogéneos. Opinião Atual em Urologia;12:33-38.

• **O'Toole G., Chapman R. M., Stone G.(2000).** A formação de biofilmes como desenvolvimento microbiano. Annu. Rev . Microbiol;54: 49-54.

• **Ou, C. V.(1990).**Reação em cadeia da polimerase e sua aplicação. Biotechniques ; 6 : 162-167.

-P-

• **Pak, J.; Pu, Y.; Zhang, Z. T.; Hasty, D. L. e X. P. Wu (2001).**Urinary tracts Infections update . J. Biol. Chem.; 276(16): 9924 - 9930.

• **Pappas, P.G (1991).** O laboratório no diagnóstico e tratamento da infeção do trato urinário. Med. Clin. North ; 75: 313- 325.

• **Pass, M. A.; Odedra, R. e R. M. Batt(2000).**Multiplex PCR para identificação de genes de virulência *de Escherichia coli.* J. Clin. Microbiol;38 : 2001- 2004.

• **Patton, J. P.; Nash, D. B. and E. Abrutyn (1991).**Urinary tract infections :economic consideration . Med. Clin. North Am.; 75: 495- 513.

• **Peter feng, Stephen, D.; Weagant e S. R. Monday(2001).** A análise genética de factores de virulência em *Escherichia coli* esteve implicada num surto de colite hemorrágica. J. Clin . Microbiol .; 39 (1): 24 - 28.

- **Pitout, J. D.; Moland, E. S.;Sanders, C. C. ; Thomson, K. S., e S.R Fitzsimmons (1997).** ß-lactamases e deteção da resistência aos ß-lactâmicos em Enterobacter. spp. . Agents . Chemother.;14: 35- 39.

- **Prigent, F.P.; Combaret, C. e E. Brombacher (2001).** A rede reguladora complexa controla a adesão inicial e a formação de biofilme em *Escherichia coli.* J. Bacteriol.; 183 : 7213 - 7223.

-R-

- **Raksha, R.; Srinivasa, H. e R. S. Macaden (2003).**Ocorrência e caraterização de *Escherichia coli* uropatogénica em infecções do trato urinário. Indian . J . Med . Microbiol. ; 2: 102 - 107.

- **Razato, A. Y. L.; Ong, M. M.; Sharma e G. Georgiou (1998).**Avaliação da interação de bactérias com biomateriais utilizando microscopia de força atómica. J. Biomater. Sci - polym.; 9:1361-1373.

- **Rebecca, N. e M. Elizabith (2005)**. Algumas caraterísticas de virulência da *Escherichia coli* uropatogénica em diferentes grupos de pacientes. Indian J. Med. Res.; 122: 143 - 147.

- **Reisner, A.; Janus, A. J.; Haagensen, M. A. S.; Ellen, L. Z. e M. Soren(2003).**Desenvolvimento e maturação de biofilmes *de Escherichia coli* K-12. Microbiologia;48(4) : 933 - 946.

- **Rivera-Betancourt, M. and J. F. Keen(2001).**Murine monoclonal antibodies against *Escherichia coli* O4 lipopolysaccharide and H5 flagellin. J. Clin. *Microbiol.*; 39: 3409-34 **.**

- **Roberto Vidal, Vidal, M.; Lagos, R.; Levine, M. e V. Pardo (2004)** Multiplex PCR para o diagnóstico de infeção entérica associada a *Escherichia coli* diarreica .J. Clin. Microbiol.;42(4):1787-1789.

• **Rodney M. e Donlan (2002).** Biofilme: vida microbiana em superfícies. Emerg. Infect. Dis. ; 8(9).

• **Ronald, A. R. e A. L. Pattullo (1991).** A história natural da infeção do trato urinário em adultos. Med. Clin . North Am. ;75 : 299-312.

• **Romanova, Y. U. M.; Smirnova, T. A.; Andreev, A. L.; Ll'ina, T. S.; Didenok, L.V. e Ginstburg (2006).** Formação de biofilmes como um exemplo do comportamento social das bactérias. Microbiologia; 75 (4) : 481- 488.

• **Roos, V. e P. Klemm (2006).** Perfil de expressão genética global da estirpe *de Escherichia coli* 83972 da bacteriúria assintomática no trato urinário humano. Infect. Immun. 74: 3565-3575.

• **Ruiz, J.; Simon, K.; Horcajada, J. P.; Velasco, M.; Barranco, M.; Roig, G.; Moreno-Martinez, A.; Martinez, J. A.; Jimenezde A. T.; Mensa, J. e J. Vila (2002)** Diferenças nos factores de virulência entre isolados clínicos de *Escherichia coli* que causam cistite e pielonefrite em mulheres e prostatite em homens. J. Clin. Microbiol.*;* 40: 4445-4449.

• **Russo, T. A.; Davidson, B. A.; Genagon, S. A.; Warholic, N. M.; Macdonald, U.; Pawlicki, P. D.; Beanan, J. M.; Olson, R.; Holm, B. A. e P. R. Knight (2005).** A hemolisina, fator de virulência *da E.coli,* induz apoptose e necrose/lise de neutrófilos in vitro e lesão pulmonar num modelo de pneumonia em ratos. Am. J. Physiol. Lung Cell. Mol. Physiol.*;* 289: L207-L216.

-S-

• **Schaffer, A. J. e B. A. Stuppy (1999).**Eficácia e segurança da terapia de auto-início em mulheres com infeção recorrente do trato urinário. J. Urol.; 161: 207-211.

• **Schindel, C. ; Zitzer, A; Schulte , B.; Gerhards, A ; Stanlty, P.; Hughes C.; Koronkis, V.; Bhakdi, S. e M. Palmer (2001).**Interação da hemolisina *de Escherichia coli* com a membrana biológica . Eur . J. Biochem .; 268: 800 - 808 .

• **Schlessinger, D. e B. L. Eisenstein (1999).** Base biológica da ação antibacteriana. P. 52-61. In: M.Scheachter, N.C. Engleberg, B.I. Eisenstein G. Medoff (ed). Microbial

Disease. 3ª ed., Lippincott Williams and Wilkins. Lippincott Williams e Wilkins. Maryland, EUA.

• **Schmidt, H. e M. Hensel (2004).** Ilhas de patogenicidade na patogénese bacteriana. Clin. Microbiol. Rev.; 17: 14-56.

• **Scholes, D.; Hooton, T. M.; Roberts, P. L.; Gupta, K.; Stapleton, A. E. e W. E. Stamm (2005).**Risk factors associated with acute pyelonephritis in healthy women. Ann. Intern. Med.;142:20-27.- Sean, D.; Reid, D. J.; Betting e T. S. Whittam(1999). **Deteção molecular e identificação de alelos de intimina em *Escherichia coli* patogénica por PCR multiplex;37(8): 2719-2722.**

• **Shahid A. Kausar (2003).**Recurrent urinary tract infection in women (Infeção recorrente do trato urinário nas mulheres). BMJ;43 (2): 34-41

• **Skyberg, J. A.; Johnson, T. J.; Johnson, J. R.; Clabots, C.; Logue, C. M. e L. K. Nolan (2006).** A aquisição de plasmídeos *de Escherichia coli* patogénica aviária por um isolado *de E. coli* comensal aumenta a sua capacidade de matar embriões de galinha, crescer na urina humana e colonizar o rim murino. Infect. Immun.;74: 6287-6292.

• **Soto, S. M.; Smithson , A.; Martinez, J. A.; Horcajada, J. P.; Mensa, J. e J.Vila (2007).** Formação de biofilme em estirpes *de Escherichia coli* uropatogénicas: relação com prostatite, factores de urovirulência e resistência antimicrobiana. The Journal of Urology ; 7(1):365-368.

• **Sobel, J. D. e D. Kaye (2000).**Infecções do trato urinário. In: Mandell, GL, Bennett JE, Dolin , R, eds. Principles and practice of infectious disease : Churchill Livingstone; 2000: 773-805.

• **Stamm, W. E.; Hooton, T. M.; Johnson, J. R.; Johnson, C.; Stapleton, A.; Roberts, P. L.; Moseley, S. L. e S. D. Fihn (1989).** Urinary tract infections: from pathogenesis to treatment (Infecções do trato urinário: da patogénese ao tratamento). J. Infect. Dis.,'159:400- 406.

• **Stamm, W. E.; Mckevitt, M.; Roberts, P. L. e N. J. White (1991).** Natural history.

Factores de risco para infecções recorrentes do trato urinário em mulheres jovens. J Infect. Dis.,182:1177-1182.

- **Stamm, W. E. e S. R. Norrby (2001).** Infecções do trato urinário . panorama da doença e desafios. J. Infect. Dis. ;183 (1) : S1 - S4.

- **Stamm, W. E. (2002).** Desafios científicos e clínicos na gestão das infecções do trato urinário. Amer. J. Med.; 113 (suppl. 1 A): 1S-4S.

- **Stark, R. P. e D. G. Maki (1984).** Bacteriúria no paciente cateterizado, que nível quantitativo de bactérias é relevante. N. Engl. J. Med.;311:560-564.

- **Stephen, J. C.; Gregory, A. B. e I. Snyder (1984).** Hemolisina alfa *de Escherichia coli*: caraterísticas e papel provável na patogenicidade. Microbiol. Review;48(4):326-343.

- **Stoodley, P.; Sauer, K.; Davies, D. G. e J. W. Costerton (2002).** Biofilme Como comunidades diferenciadas complexas . Ann. Review of Microbiol; 56 : 1187.

- **Sussman, M. e D. L. Gally (1999).**A biologia da cistite: factores bacterianos e do hospedeiro. Annu. Rev. Med.;50: 149-158.

-T-

- **Tambyah, P. A. e D. G. Maki (2000).** The Relationship between pyuria and infection in patients with indwelling urinary catheters: Um estudo prospetivo de 761 pacientes. Arch. Intern. Med., 160: 673-677 .

- **Tambyah, P. A. e D. G. Maki (2000).** A infeção do trato urinário associada ao cateter raramente é sintomática: um estudo prospetivo de pacientes cateterizados. Arch. Intern. Med.; 160: 678-682

- **Thomson, K. S. e E. S. Moland (2000).**Version 2000 : the new lactamase of gram negative bacteria at the down of the new millennium .Microbes Infect;2 : 1225 - 1230.

- **Todar, K.(2002).** Agentes antimicrobianos utilizados no tratamento de doenças infecciosas.330

- *U*-

- **Uhlen, P.; Laestadius, A.; Jahnukainen, T.; Soderbelom, T.; Backed, F.; Celsi, G.; Brismar,H.; Normark, S. e A. Aperia (2000).**Alhpa-hemolisina do uropatogénio *E.coli_induced* Ca+2 oscillations in renal epithelial cells. Nature (Londres); 405 :694-697.

- **Usein, C.R.; Damian, M. e D. Tatu-Chititu (2001).**Prevalência de genes de virulência em estirpes de *Escherichia coli* isoladas de casos de infeção do trato urinário de adultos romenos. Cell . Med.; **5:** 303-310.

-*V*-

- **Valeva, A.; Walev, I.; Kemmer, H.; Weis, S.; Siegle, I.; Boukhallouk, F.; Wassenaar, T. M.; Chavakis, T. e S. Bhakdi (2005).** A ligação da hemolisina *de Escherichia coli* e a ativação das células alvo não são dependentes do recetor. J. Biol. Chem .; 280 : 36657 - 36663.

-*W*-

- **Wai, S. N.; Weaster , M. M.; Oscarsson, J.; Mizunoe, Y. e B. E. Uhlin (2000)**. Localização e exportação da citotoxina Cly A em *Escherichia coli* . Med. Microb. Immunol. ; 189 : 51- 57.

- **Walter, E. ;Stamm, T. e M. Hotoon (1993).** Gestão de infecções do trato urinário em adultos. NEJM; 329(18):1328-1334.

- **Walter, E. S. e S. R. Norrby (2001).** Infeção do trato urinário: panorama da doença e desafios. The Journal of Infectious disease ; 183:S1-S4.

- **Walter, E. e M. D. Stamm (2006).** Prémio Theodore E. Wood: Interações entre o hospedeiro e o agente patogénico nas infecções do trato urinário adquiridas na comunidade. Trans Am Clin. Climatol. Assoc; 117: 75-84.

- **Welch, R. A.(2001).** RTX toxin structure & function: a story of numerous anomalies of few analogies in to biology. Curr. Top. Microbiol . Immunol; ,257:85-111.

- **White, T. J.; Madej, R. e D. H. Persing (1992).**The polymerase chain reaction ;

clinical applications. Advances. Clin. Chemist.;29 :161- 196.

- **Williams, G. J. e J. C. Craig (2004)**. Antibióticos de longa duração para prevenir infecções recorrentes do trato urinário em crianças (Cochrane Review) In: The cochvane library lssue 2, 2004 , Chichester , UK : John Wiley sons Ltd .

- **Wyborn, N. R.; Clark, A.; Roberts, R. E.; Jamieson, S. J.; Tozkov, S.; Bullough, P. A.; Stillman, T. J.; Artimuke, P. J.; Galen, J. E.; Zhao, L.; Levine M. M. e Green (2004)**. Propriedades da hemolisina E (HlyE) de um isolado patogénico *de Escherichia coli* a vain e estudos da exportação de HlyE. Microbiologia; 150 (5) : 1495 - 1505.

-X-

- **Xie, J.; Foxman, B.; Zhang, L. e C. F. Marrs (2006).** Molecular epidemiologic identification of *Escherichia coli* genes that are potentially involved in movement of the organism from the intestinal tract to the vagina and bladder. J. Clin. Microbiol.*;* 44: 2434-2441.

-Y-

- **Yamamoto, S. A.; Terai, K.; Yuri, H.; Kurazono, Y. T. e O. Yoshida (1995).**Deteção de factores de virulência em *Escherichia coli* por reação em cadeia da polimerase multiplex .FEMS Immuno . Med. Microbiol; 12 : 85-90.

- **Yen, Z. S.; Davis, M. A.; Chen, S. C. e W.J. Chen (2003).** A Costeffectiveness analysis of treatment strategies for acute uncomplicated pyelonephritis in women (Análise de custo-eficácia das estratégias de tratamento para pielonefrite aguda não complicada em mulheres*)*. Acad. Emerg. Med.; 10:309- 314.

-Z-

- **Zhanel, G. G.; Harding, G. K. M . e D. R. P Guay (1990).**Uma bacteriúria sintomática: que pacientes devem ser tratados? Arch. Intern. Med.; 150: 13891396.

- **Zhanel, G. G.; Karlowsky, J. A. e G. K. M. Harding (2000).** Um estudo de vigilância nacional canadiano de isolados do trato urinário de doentes externos -

comparação das actividades de trimetoprim - sulfametoxazol, ampicilina, mecilinam, nitrofurantion e ciprofloxacina. Antimicrob. Agents Chemother .; 44: 1089 - 1092.

- **Zimakoff, J. D. A. ; Pontoppidan, B. e S. O. Larsen (1995).** A gestão de cateteres urinários: Conformidade da prática em hospitais, lares de idosos e cuidados domiciliários dinamarqueses com as diretrizes nacionais. Scand. J. Urol Nephrol;29: 299-309.

MIX
Papier aus verantwortungsvollen Quellen
Paper from responsible sources
FSC® C105338

Printed by Books on Demand GmbH, Norderstedt / Germany